RAPPORT

sur

LES ARDOISIÈRE ET FORÊT D'OIGNIES

(BELGIQUE).

Prospectus et Extrait des Statuts de la Société
créée par acte passé devant Me MAYNE, notaire
à Paris, les 15 et 16 Janvier 1846 et enregistré
le 17.

Paris,

TYPOGRAPHIE ET LITHOGRAPHIE DE A. APPERT,

Passage du Caire, 54.

1846.

RAPPORT

SUR

LES ARDOISIÈRE ET FORÊT D'OIGNIES

(BELGIQUE).

Prospectus et Extrait des Statuts de la Société créée par acte passé devant Mᵉ MAYRE, notaire à Paris, les 15 et 16 Janvier 1846 et enregistré le 17.

Paris.

TYPOGRAPHIE ET LITHOGRAPHIE DE A. APPERT,

Passage du Caire, N. 54.

1846.

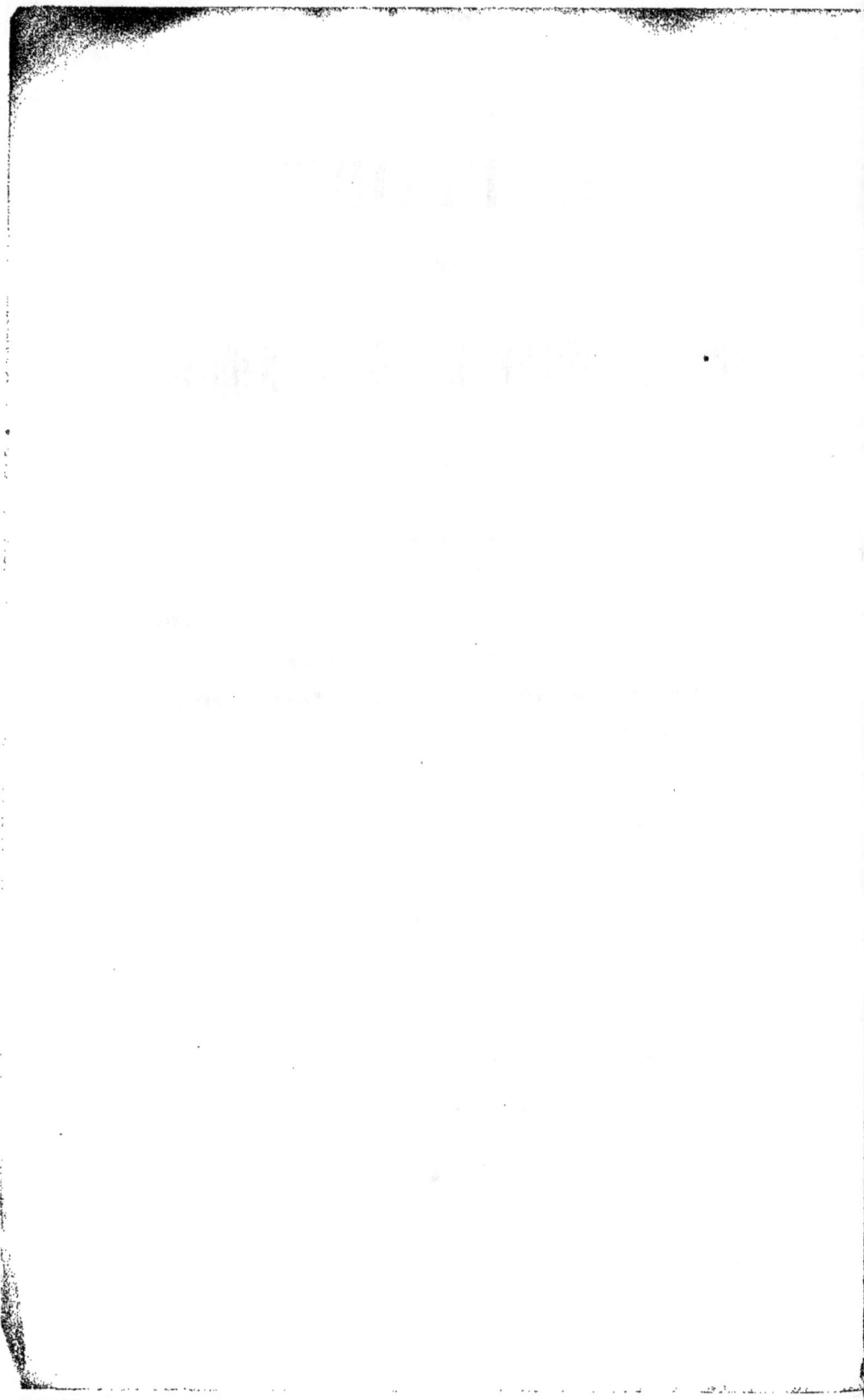

RAPPORT

SUR

Les Ardoisière et Forêt d'Oignies (Belgique).

Situation géographique.

Ces propriétés sont limitrophes et à l'Ouest, et à peu de distance de la Meuse, du chemin de fer d'entre Sambre et Meuse, dont un embranchement aboutira à celui projeté de Rocroy à Guise, qui ira à Paris, Reims, Strasbourg, Châlons, etc. Il est bon de dire que l'ardoisière n'est qu'à 30 mètres environ de la Meuse et à pareille distance de Fumay (France) ; les autres villes les plus voisines sont : *Rocroy, Givet, Philippeville, Mézières, Charleville, Sedan,* etc.

Etendue superficielle de l'ardoisière.

Cette carrière a cinq mille mètres en largeur et en longueur ; elle est riche , ses bancs ont une grande puissance ; ils sont très nombreux et se prolongent sous la forêt qui ne repose de ce côté que sur du schiste ardoisier ; on peut juger que son étendue est très considérable ; on estime qu'on peut extraire pendant des siècles.

Qualité du schiste ardoisier.

Il est tenance ; il a une grande élasticité ; il est imperméable, car quand il a passé un mois dans l'eau, il ne pèse pas plus quand on l'en retire que quand on l'y a mis ; il est parsemé de petites taches brillantes, c'est ce qui en constitue la bonté, et ce luisant ne laisse aucun doute sur la bonne qualité du schiste. On a souvent extrait de cette carrière des feuilles ayant 1 mètre 23 centimètres d'épaisseur, cela prouve que ce schiste a une grande solidité, un grain fin et serré, et que les ardoises qui en proviennent sont unies et très plates. Leur peu d'épaisseur démontre la tenacité et l'élasticité de la pierre ; toutes les ardoises qui sont livrées au commerce ont 2 millimètres $\frac{1}{4}$ à 3 millimètres d'épaisseur.

Extraction qui résultera des travaux à faire.

Le rapport sera d'une grande importance après l'exécution des travaux ; il résulte de l'examen des lieux et calculs des gens de l'art, qu'au moyen de deux machines à vapeur de la force de douze chevaux chacune, on tirera annuellement au minimum 24 millions d'ardoises, dont le prix de revient sera sur place de 6 fr. le mille, il est maintenant de 10 fr. Il est incontestable qu'en faisant les améliorations et travaux nécessaires, et en donnant à la carrière toute l'extension qu'elle compte, on obtiendra *au moins* un produit net et annuel de *trois cent mille francs.*

Ardoisière.

Prix-Courant DU MILLE D'ARDOISES *en Belgique*, non compris le droit d'octroi à l'entrée des villes.

DÉSIGNATION de CHAQUE QUALITÉ d'Ardoises.	Grandeur en centimètr.		PRIX DU MILLE A								OBSERVATIONS.
	Longueur.	Largeur.	L'Ardoisière.	Dinant.	Namur.	Huy.	Liége.	Bruxelles.	Louvain.	Mons.	
			fr. c.	fr. c.	fr. c.	fr. c.	fr. c.	fr. c.	fr. c	fr. c.	
Grandes communes.	27	19	20 »	25 50	24 50	24 50	25 »	29 »	29 »	28 »	Les chemins de fer que l'on établit diminueront considérablement les frais de transport, et en obtenant le droit de transit à Fumay (France), ils seraient encore bien moindres, parce que tout pourrait parvenir par la Meuse. Nul doute que ce droit sera accordé, il ne faut que le solliciter.
Flamandes........	27	16	17 50	21 »	22 »	22 50	26 »	26 »	26 »	25 »	
Blocs	27	16	17 »	20 »	21 »	21 »	21 50	27 »	27 »	27 »	
Grandes petites....	24	15	14 »	15 »	16 »	16 50	16 50	18 »	18 »	17 60	

Produits annuels.

6. A l'ardoisière environ six millions qualités diverses, à prix moyen de 18 fr.	108,000^{fr} »
10. Dans différentes localités de la Belgique, dix millions à 28 fr.	280,000 »
8. A Paris, huit millions à 40 fr.	320,000 »
24. Millions d'ardoises. Total brut	708,000 »

Le prix de revient, malgré qu'il soit bien positif qu'il ne sera que de 6 fr. le mille, on le maintient à 10 fr., ce qui donne pour 24 millions d'ardoises à 240,000   } 284,000 »

Le droit d'entrée en France est de 5 fr. 50 c. le mille en nombre, il convient donc de déduire ce droit sur 8 millions, ce qui donne.............. 44,000 /

Reste net..........   424,000 »

Il est bien entendu que les frais de transport sont à la charge des acheteurs, comme cela se pratique ordinairement, on observe aussi que le prix de 40 fr. le mille, droit de douane compris pour Paris, est bien inférieur au prix ordinaire, car l'ardoise d'Angers, qui est loin de valoir celle d'Oignies, se vend communément à Paris, 46 à 50 fr. le mille.

Le transport d'Oignies à Paris, par eau, ne coûterait que 5 *fr. le mille*. Il est bon de dire qu'en obtenant le droit de transit, la vente sera beaucoup plus considérable, par la raison que le transport sera facile et peu coûteux, et que l'on sera à même d'expédier dans beaucoup plus de localités, *l'augmentation sera notable en Belgique* ; il est même démontré qu'à Paris seulement on pourrait vendre la totalité de l'extraction, fût-elle du double.

Vente facile des produits de cette ardoisière.

Le placement des produits de cette ardoisière, tels considérables qu'ils soient, est certain ; sa position géographique et l'excellente qualité en assurent le débit ; car en Belgique même, on n'extrait pas assez d'ardoises pour les besoins du pays. Il résulte du tableau statistique de 1843, le dernier connu, qu'indépendamment de la production des ardoises indigènes, il en a été importé, pendant ladite année, dix-huit millions venant de France, malgré un droit d'entrée de 5 fr. par mille en nombre.

Observations et indications essentielles.

Les travaux et constructions dont il a été parlé n'occuperont qu'une très petite étendue de terrain relativement à la contenance de cette carrière, on pourrait donc disposer d'une portion considérable de cette immense et riche carrière, et établir plus de trente fosses d'extraction, avec la certitude d'obtenir d'énormes et satisfaisants résultats ; mais ces nouveaux travaux nécessiteraient une plus forte mise de fonds, qui, cependant, ne serait pas exorbitante, et on en serait bientôt couvert par l'importance des produits.

Tout le terrain, sans aucune charge ni réserve, appartiendra à la Société dont il va être parlé.

Nota. On se réserve de donner de plus amples détails, notamment sur la certitude de l'écoulement des produits et sur la situation géographique.

Forêt dite d'Oignies,
Située sur les communes d'Oignies et du Mesnil, limitrophes de la France.

Cette belle forêt est d'une contenance totale de 1,080 hectares, bien peuplée, aménagée à 18 ans ; les coupes ont un écoulement facile, à cause du voisinage de la Meuse et de nombreuses usines métallurgiques et de la facilité du transport à peu de frais. Le revenu de cette forêt est important et très peu variable ; les coupes annuelles sont toujours de 60 à 70 hectares ; l'essence dominante est le chêne.

Il existe quelques droits d'usage ; mais qui ne sont aucunement onéreux, à cause des redevances que les usagers sont obligés de payer.

On donnera tous les détails et renseignements que l'on pourra désirer. Les titres de propriété, tant de l'ardoisière que de la forêt, sont on ne peut plus réguliers ; toutes les formalités hypothécaires ont été remplies.

Le produit de cette forêt résulte depuis plusieurs années d'actes authentiques, il est, année commune, d'environ 30,000 fr., ci . . . . 30,000 fr »

Les contributions, tant de l'ardoisière que de la forêt, et traite-
ments des gardes, s'élèvent à. . . . . 4,000 »

Reste net. . . . . . 26,000 »

Récapitulation des produits et revenus nets.

Ardoisière. . . . . 424,000 »

Forêt . . . . 26,000 »

Total. . . . . . 450,000 »

Frais généraux

Et intérêts à déduire dans la supposition d'une Société.

Traitement du directeur-gérant et autres employés, \
ci . . . . 30,000 fr

Dépenses imprévues. . . . . 10,000 } 140,000 »

Intérêt du capital social qu'on suppose de
2,000,000 fr. . . . . 100,000 /

Dividende à partager. . . . . 310,000 »

Opération à proposer.

Société civile particulière, dans les termes des articles 1841, 1842 du code civil.

Le capital social est fixé à deux millions et représenté par quatre mille actions de cinq cents francs chacune.

Ce capital de deux millions, sera employé ainsi qu'il suit :

1º Pour travaux, améliorations et machines à vapeur . . . . . 200,000 fr »

2º Fonds de roulement. . . . . 60,000 »

3º Résiliation du bail de madame du Mesnil . . . . 40,000 »

4º Reste sur l'apport ; la répartition en sera fait ultérieurement ; elle servira d'abord à libérer entièrement les propriétés. 1,700,000 »

Somme pareille. . . . . 2,000,000 »

Apport social.

1° L'ardoisière énoncée au présent ;

2° La forêt, fonds et superficie.

Cet apport est fait pour et moyennant deux millions de francs, dont l'emploi est ci-dessus mentionné, et qui seront employés dans les termes et proportions qui seront établis par l'acte de société, a été passé devant M° Mayre et son collègue, notaires à Paris.

Il est constant que l'ardoisière et la forêt formant l'apport, ont une valeur bien supérieure à celle qu'on leur attribue par le présent rapport.

L'ancien et le nouveau propriétaire qui ont dans l'opération la plus grande confiance, resteront actionnaires pour une somme de quatre cent mille francs, représentant huit cents actions de cinq cents francs chacune.

En sus de l'intérêt de 5 p. o/°, un dividende de 10 p. o/° est positivement assuré, ce qui fait en tout 15 p. o/°. Malgré que cette position soit déjà magnifique, on peut assurer avec certitude que, dans très peu de temps, on aura au-delà de 25 p. o/°, cela est incontestable.

Aucune opération n'est aussi légale, ni n'offre autant de sécurité ; aucune chance défavorable n'est possible ; il n'y a point d'éventualité, puisque les actions reposent sur des immeubles d'une invariable et grande valeur ; ce sont des coupons hypothécaires qu'auront les associés qui, dans peu d'années, seront entièrement couverts de leurs avances, et auront un revenu important et bien assuré qui ne leur coûtera rien.

Les intérêts et dividendes se payeront par semestre, à Paris, au siège de la Société ; les porteurs d'actions seront donc à même d'exercer tout contrôle et de surveiller leurs intérêts.

En France, aujourd'hui, les fortunes sont divisées, tout le monde possède, mais chacun possède peu, on ne peut, que par l'association par actions, réaliser les sommes importantes, seules capables de mener à bien toute grande entreprise, mais il ne suffit plus, pour attirer la confiance des capitalistes, de faire de pompeux prospectus, de bien groupper des chiffres, de bien arrondir des phrases sonores.

Notre époque est essentiellement positive, il faut offrir et donner du positif, et ne rien laisser à l'éventualité, il faut plus que des promesses, plus que des assurances, on exige des certitudes, aussi, avant de créer la Société des ardoisières et forêt d'Oignies, M. Godefroy, de Châlons, ne s'est dissimulé ni les difficultés que rencontrent aujourd'hui la réalisation de semblables projets, difficultés nées de l'abus étrange qu'ont fait certains spéculateurs de l'association, ni l'extrême défiance qui accueille les nouvelles Sociétés ; ni le discrédit qui a frappé les opérations ; il ne s'est rien caché, et certes, il n'eût point affronté *toutes ces chances d'insuccès*, s'il n'avait eu à offrir à ses actionnaires que l'exploitation d'une *idée philantropique* ou qu'un établissement incertain, il sait que les fonds et la confiance se sont retirés de ces myriades d'entreprises qui ne naissent que pour faillir bientôt, ne laissent, après elles, que discrédit et déception, mais la Société qu'il a formée est hors ligne.

Son capital n'a rien d'exagéré, l'emploi en est sagement combiné, l'administration en sera confiée à un Comité de surveillance composé de personnes aussi honorables que pourvues de capacités.

Ce capital social, d'ailleurs, est garanti, et repose sur des immeubles d'une valeur qui en surpasse le montant. Les travaux et améliorations énoncés au rapport qui précède, seront commencés et continués sans interruption, immédiatement après la constitution définitive de la Société.

Ces constructions qui donneront de grands résultats, augmenteront considérablement la valeur de l'apport, et par conséquent les garanties données.

Tout laisse donc présager que l'entreprise habilement conduite, ne périclitera pas et qu'au contraire elle prospérera, il suffirait d'ailleurs d'examiner les chiffres et de comparer le revient avec celui de la vente pour être convaincu que le succès n'est pas douteux, et que les bénéfices sont certains.

Nous l'avons dit et nous l'avons prouvé par des chiffres irréfragables, il n'est pas une opération qui présente d'aussi beaux bénéfices et d'aussi sûrs résultats que celle-ci, sans courir aucune chance de perte, puisque le capital social repose sur une valeur qui l'excède de beaucoup, il nous reste la conviction qu'elle sera appréciée.

Il est bien entendu que les immeubles formant l'apport, seront libres de toutes dettes, charges et hypothèques.

Le succès d'une opération telle que celle-ci ne saurait être douteux; on doit croire que les actions seront promptement placées, car on ne peut trouver une occasion de placer de l'argent plus avantageusement et plus sûrement; la sécurité est parfaite, et les avantages annoncés sont certains. Des rapports d'ingénieurs et de savants dont il sera parlé ci-après, viennent corroborer tout ce qui est annoncé; au reste, on peut facilement juger de la valeur des immeubles.

Les souscriptions d'actions seront échangées contre des actions définitives, immédiatement après le versement à faire chez M. Collasson, banquier, rue de Provence, 41, et chez un banquier de Bruxelles qui sera ultérieurement désigné.

Fait et rédigé par le soussigné, sur le travail qu'il a fait lui-même sur les lieux dans le courant de septembre 1839.

A Oignies, le 20 août 1841.

GODEFROY DE CHALONS.

Notes positives et essentielles.

MM. Cauchy, ingénieur en chef des mines; Roget, ingénieur en chef des ponts-et-chaussées, et G. Dandelin, lieutenant-colonel du génie, commis et désignés par MM. les ministres de la guerre et des travaux publics de Belgique, pour examiner les matériaux indigènes, ont dit et constaté ce qui suit dans leur rapport en date des 19 et 27 février 1840.

Ardoisière de l'ouest de la Meuse.

« Oignies (Namur), deux lieues et demie E. de Cauvin; 4 lieues et demie S.-S-E. de Philippeville.

« Les ardoises d'Oignies sont très-belles, très sonores et commencent à être connues avantageusement dans le commerce, parce qu'elles ont fait leurs preuves.

« La carrière d'Oignies peut, dès à présent, livrer au commerce plus de 1,500,000 ardoises par an.

« On n'y façonne que des ardoises flamandes, dont le mille pèse 311 kilogrammes.

« On les transporte par voiture, d'abord sur les chemins vicinaux qui sont en fort mauvais état, jusqu'au Bruly, qui est éloigné d'une forte lieue, et puis sur les grandes routes, vers les provinces de Namur et de Hainaut.

« Parmi les conclusions du rapport, nous citerons les suivantes, 1° et 4° : « 1° La Belgique possède aujourd'hui un assez grand nombre d'exploitations de bonnes ardoises pour qu'elle puisse désormais se considérer comme affranchie du tribut qu'elle a si longtemps payé à l'étranger ; 4° Il importe que le gouvernement encourage et régularise, par tous les moyens qu'il a à sa disposition, l'exploitation des ardoises, qui deviendra *une branche intéressante de l'industrie nationale.* »

Observations à ce qui précède.

Les produits actuels démontrent parfaitement ce qu'ils seront quand les travaux seront exécutés, car il n'y a aujourd'hui qu'une très petite carrière ouverte où on extrait à bras 2,000,000 d'ardoises, et certes, quand deux grandes carrières seront ouvertes et munies chacune d'une machine à vapeur, l'extraction mensuelle sera de 1,200,000 pour chaque carrière, nous admettons 65 jours de chômage par an, et c'est beaucoup. Quant à la qualité, elle est supérieure, cela est clairement et positivement démontré par la science; elle vaut mieux que celle d'Angers qui est si estimée et qui se vend très cher à Paris.

En obtenant le droit de transit par la France, ce qui est facile, le transport sera peu coûteux, à cause de l'approximité de la Meuse, où on ne peut arriver de ce point, qu'en traversant, sur un court espace, la frontière française.

Transport et prix de l'Ardoise rendue à La Villette.

De la carrière à la Meuse par mille en nombre	» fr	10 c
De la Meuse à La Villette au maximum	5	»
Droit d'entrée en France par $^{00}/_{00}$ en nombre	5	50
Prix de revient au plus haut, 10 fr. le $^{00}/_{00}$, il ne sera que de 6 fr. après la confection des travaux	10	»
Le mille, rendu à La Villette, ne coûterait que	20	60

et on le vendrait au minimum 40 fr.

M. Renaud, ingénieur des mines et architecte, rue Taitbout, 42, affirmait qu'on placerait à Paris plus de 40,000,000 d'ardoises d'Oignies, surtout en les vendant au-dessous de celles d'Angers. Au reste, la Belgique, qui n'en extrait pas assez pour ses besoins, épuiserait entièrement l'extraction d'Oignies, et la Hollande qui en emploie une grande quantité, en manque : pour y suppléer, on se sert de tuiles.

Il est donc clairement établi que l'écoulement ne saurait être douteux, il y a donc toute *sécurité* sur ce point important.

A été extrait du rapport, en date du 16 avril 1844, de MM. les ingénieurs anglais Cubitt et Sopwith, membres des sociétés géologiques de France et d'Angleterre, ce qui suit :

« Les terrains ardoisiers de la Belgique forment la base des formations con-
« tenant le charbon, le fer et le plomb déjà mentionnés; d'après les change-
« ments géologiques qui ont eu lieu depuis le dépôt de ces roches, les mêmes
« couches présentent plusieurs affleurements et forment des élévations avec
« des dépressions qui les séparent. Il y a trois bandes ou lignes dans la direc-
« tion desquelles ces roches présentent des affleurements susceptibles d'ex-
« ploitation. Celle du Sud est entièrement dans les Ardennes; une autre au

« Nord est principalement dans la province du Brabant. La zône ou bande du
« milieu passe à travers le district de Sambre-et-Meuse.

« M. d'Omalius d'Halloy, ce minéralogiste distingué, fait ressortir la res-
« semblance de la formation ardoisière des Ardennes avec celle du pays de
« Galles, et leur assigne une origine contemporaine. Que ces roches appar-
« tiennent ou non à la même formation que celles de Silurian ou Devonian,
« est moins important à constater ici que l'excellente qualité des ardoises, et
« ceci est prouvé jusqu'à l'évidence par la grande extraction qui s'en fait,
« malgré les obstacles que l'on éprouve pour le transport.

« Le rapport de la Commission des matériaux indigènes, nommée par le
« gouvernement belge, contient des documents précieux sur les ardoises du
« district que nous examinerons. Les qualités des bonnes ardoises y sont dé-
« crites, ainsi que la comparaison entre celles de Belgique et celles des Ar-
« dennes, sous les rapports de leur homogénéité, de leur grain fin et poli ;
« de leur dureté, ténacité, élasticité, etc. Les carrières de Fumay, qui sont
« à environ huit milles de l'extrémité du chemin de fer de Vireux, donnent
« des ardoises d'un bleu violet et sont d'une qualité excellente. Le rapport
« constate que beaucoup des ardoises belges, quoique d'une couleur différente,
« sont égales en qualité aux ardoises de Fumay.

« Les carrières d'Oignies, sont à peu près à moitié chemin de Fumay à
« Couvin ; elles ont produit en 1842, 5,440 tonneaux ; et M. Magis, ingénieur
« de l'état, qui a étudié toute cette partie du district avec une srupuleuse
« attention, pense que si une bonne route y conduisait, l'extraction double-
« rait. Cette opinion n'est qu'une des nombreuses preuves de combien de ri-
« chesses minérales restent enfoncées faute de moyen de transport.

« Le banc, dont les ardoises d'Oignies sont extraites, a au-delà de 26 pieds
« d'épaisseur. Il s'incline au sud, sous un angle de 45°. Les ardoises sont fort
« belles et commencent à être très favorablement connues, elles ont été prises
« aux affleurements, et les auteurs du rapport pensent que dans les couches
« plus profondes, elles vaudront les meilleures ardoises de Fumay.

« Pendant une partie de l'année 1840, on faisait 134,000 ardoises par mois,
« ce qui, en continuant sur le même pied, produirait plus de un millon ¹⁄₂
« par an : les ardoises sont vendues 20 fr. lorsqu'elles sont rouges ou grises,
« et 18 fr., lorsqu'elles sont vertes. On les tranportés sur des charrettes, par
« de mauvais chemins de traverse jusqu'à Bruly, distance d'un peu plus
« d'une lieue, et, de là, sur les grandes routes de Namur et du Hainaut.

« Les membres de la commission d'enquête : M. Cauchy, ingénieur en chef
« des mines. M. Roget, ingénieur en chef des ponts-et-chaussées, et le lieu-
« tenant colonel Dandelin, arrivent aux conclusions suivantes :

« 1° La Belgique possède des grandes carrières d'ardoises et ne dépend,
« sous ce rapport, d'aucun pays voisin ;

« 2° La plupart des ardoises de la province de Luxembourg et d'Oignies,
« peuvent rivaliser en beauté et qualité avec celles de Fumay ;

« 3° Ils recommandent au gouvernement d'encourager et de régulariser
« ces extractions par tous les moyens en son pouvoir, parce qu'ils considèrent
« ce commerce comme pouvant devenir une branche essentielle de l'industrie
« nationale. »

Ce rapport porte la date du 10 avril 1841.

A Rimorgne, dans les Ardennes, à une faible distance de l'extrémité sud de
la ligne proposée, on produit annuellement 35 millions d'ardoises. Le prix
actuel du charbon employé à ces travaux est de 34 fr. par tonneau. Il y a dans
ces environs d'autres carrières qui en produisent beaucoup. Le total de l'exploitation est de 60 milllions d'ardoises par an.

Observations

Aux articles ci-dessus cités du rapport de MM. les ingénieurs anglais

Cubitt et Sopwith.

On aurait pu obvier à la difficulté des transports, en obtenant le droit de
transit ; par ce moyen on pourrait expédier par la Meuse, partout et à peu de
frais ; mais ces inconvénients vont disparaître par l'établissement du chemin
de fer d'entre Sambre-et-Meuse, dont les travaux sont déjà très avancés.
Comme il passera à une très petite distance des ardoisières et forêt d'Oignies,
on pourra à peu de frais y aboutir en établissant un chemin de fer à simple
voie.

On cite les produits de l'ardoisière d'Oignies ; mais ils ne sont rien relativement à ce qu'ils seront quand les travaux que nous avons fait connaître au
rapport, seront exécutés ; car à présent on ne tire qu'à la pioche dans un trou
auquel n'appartient même pas la dénomination de carrière, et encore est-on
souvent forcé de chômer à cause de l'eau qu'on n'a aucun moyen d'épuiser.
Lors de l'achèvement des travaux dont nous avons parlé, les produits men-
suels seront au moins de 2,400,000 d'ardoises en nombre.

La qualité des ardoises ne laisse rien à désirer, elle est parfaite, et elles
seront encore meilleures en enfonçant d'avantage, car actuellement elles ne
sont prises qu'aux affleurements.

La puissance du banc ardoisier où on extrait maintenant, a au-delà de neuf
mètres d'épaisseur, et nous pouvons attester par les fouilles que nous avons
pratiquées, qu'elle se prolonge sans discontinuité d'un bout de l'ardoisière à
l'autre, et encore sous la forêt, et les autres bancs qui sont nombreux, auront

au moins une semblable puissance ; telle quantité que l'on tire, on n'épuisera pas le schiste ardoisier que ce sol renferme, avant l'écoulement de plusieurs siècles.

Il est constant que la belgique possède des carrières d'ardoises assez importantes, pour ne dépendre d'aucun pays voisin ; mais il n'en est pas moins vrai que jusqu'à ce moment le défaut de travaux ne lui ayant pas permis d'utiliser ses immenses ressources en ce genre, elle est encore sous la dépendance de ses voisins, car la statistique de 1843, qui est la dernière connue, constate que malgré un droit d'entrée de 5 fr. par mille en nombre, il en a été importé pendant ladite année, 18 millions venant de France.

On pourrait extraire à Oignies autant et plus d'ardoises qu'à Rimogne, si on effectuait les travaux nécessaires et qu'on tirât tout le parti que le terrain ardoisier comporte ; cependant on tire annuellement, à Rimogne, 60 *millions d'ardoises.*

On doit donc justement s'étonner du tribut que la belgique paye encore aux pays ses voisins, alors surtout que l'on réfléchit que son sol renferme des carrières riches et abondantes de chiste ardoisier, les carrières d'Oignies offrent d'immenses ressources et suffiraient seules au-delà des besoins du pays ; quant à la qualité, elle est parfaite, et elle est supérieure à toutes celles qui existent en Belgique, elle peut rivaliser avec les meilleures ardoises de Fumay et d'Angers.

Observations

Sur la valeur et les produits de la forêt.

Il est constant que les revenus pourraient être augmentés de plus d'un tiers en y donnant des soins ; la coupe annuellle est de 60 hectares : eh bien ! une coupe de cette importance bien exploitée ne produirait pas moins de 500 fr. par hectare, ce qui fait . . . . 30,000 fr. »

En exploitant soi-même, en brûlant, c'est-à-dire en réduisant en charbon, en écorçant, en fabricant des cercles, les produits nets seraient au moins de 40,000 fr.

Ensuite il y a l'écobuage qui rapporte au moyen de la redevance que payent les usagers 40 fr. l'hectare, soit . . . . 2,400 »

Ensemble 32,400

MM. Delvaux, notaire, à Tirlemont (Belgique) et Léonard Cossoux, de Namur, très expérimentés en cette matière, affirment que d'accord avec plusieurs personnes ayant des connaissances positives, ils estiment l'hectare de la forêt d'Oignies, fonds et superficie, au minimum, à 2,000 fr.: il y en a 1080, ce qui donnerait 2,160,000 fr.

Et dans cette évaluation l'ardoisière n'est pas comprise; par cela seul on doit être convaincu qu'en portant le capital social à 2,000,000 de fr., il n'y a point d'exagération, puisque ce chiffre est loin d'atteindre la valeur qu'on attribue à cette propriété : on le répète, aucune opération n'offre autant d'avantages ni n'est aussi loyale.

Fait, observé et certifié véritable par le soussigné.

Paris, le 20 septembre 1845.

GODEFROY DE CHALONS.

Ardoisière et Forêt d'Oignies.

De l'acte de société passé devant M° Mayre et son collègue, notaires à Paris, les 15 et 16 janvier 1846, enregistrés le 17, il a été extrait ce qui suit :

ARTICLE PREMIER. — Il y aura Société purement civile et particulière pour l'exploitation de l'ardoisière d'Oignies et de la forêt du même nom.

ART. 2. — La Société prend le nom de Société des Ardoisières et Forêt d'Oignies.

Elle est formée pour quarante années, à compter du jour où elle sera définitivement constituée. Et elle ne sera définitivement constituée que lorsque six cents parts d'intérêts auront été souscrites sur les trois mille deux cents parts d'intérêts restants.

ART. 3. — Le siège de la Société est fixé à Paris, rue de Provence, n. 41 ; néanmoins, le conseil d'administration pourra le transporter ailleurs.

ART. 4. — Le fond social est fixé à deux millions de francs et divisé en quatre mille parts d'intérêts de cinq cents francs chacune. Ces parts d'intérêts, numérotées de un à quatre mille, seront nominatives ou au porteur, les premières se transmettront par un simple endos et les dernières par la simple tradition du titre.

Les actions seront nominatives tant que les souscripteurs n'auront pas versé le montant intégral de leur souscription.

Elles seront extraites de livres à souche, dont l'un est déposé chez M. Collasson, banquier à Paris, rue de Provence, 41, et chez un banquier de Bruxelles, qui sera ultérieurement désigné.

ART. 8. — Chaque part d'intérêt sera détachée des livres à souches, revêtue d'un numéro d'ordre et du timbre sec de la compagnie signée de l'administrateur gérant et de l'un des membres du conseil d'administration et contre-signée lors de la délivrance par les banquiers de la société.

ART. 9. — Chaque part d'intérêt donne droit :

1° A une part proportionnelle dans tout l'actif de la Société, tant en numéraire que meubles et immeubles ;

2° A un intérêt de 5 p. °/° par an ;

3° Et à titre de dividende à une part aussi proportionnelle dans les bénéfices nets annuels de la Société, sauf ce qui sera dit ci-après.

Néanmoins, chacun des associés n'a droit aux dits avantages qu'en proportion des sommes par lui versées.

ART. 10. — Le paiement des actions aura lieu de la manière suivante, savoir :

Deux cinquièmes comptant.

Un cinquième trois mois après le premier versement.

Et le surplus, d'année en année, à compter du deuxième versement et aux époques qui seront fixées par le Conseil d'administration ; toutefois, aucun versement ne pourra être exigé que trois mois après le versement précédent, ni excéder deux cinquièmes par année. Mais chacun des intéressés pourra anticiper les époques de paiement et se libérer intégralement.

ART. 11. — Faute, par un associé, de verser à son échéance, la portion exigible du montant des parts d'intérêts qu'il aura prises, il sera mis en demeure, et si, pendant le mois qui suivra cette échéance, deux sommations faites à l'associé retardataire restent infructueuses, il sera déchu pour toute la durée de la Société des dividendes et des bénéfices attribués à chaque part d'intérêts ; alors, cet Associé défaillant n'aura plus droit qu'à l'intérêt à 5 p. °/° des sommes par lui versées et à leur remboursement à la dissolution de la Société, et il ne pourra concourir à aucune assemblée.

ART. 12. — Conformément aux dispositions de l'article 1863 du Code civil, chaque Associé n'est obligé que dans la proportion de sa part d'intérêts et sans solidarité avec ses co-associés.

ART. 13. — Les parts d'intérêts seront représentées, pour chaque Associé, par la minute de l'acte de Société ou de celle de l'acte d'adhésion qu'il aura signé. De plus, il lui sera remis autant de titre privé de 500 fr. qu'il aura pris de parts d'intérêts.

Ces titres ne seront remis qu'après le paiement intégral, et seront indivisibles à l'égard de la Société, et il ne sera délivré aucune coupure de titre.

La cession de ces titres aura lieu ainsi qu'il est dit en l'article 3.

La cession d'une part d'intérêts ne pourra avoir lieu qu'autant qu'on soldera préalablement à ladite Société, l'intégralité du prix de la part d'intérêts, et pour prévenir les tiers, il sera fait mention de cette condition sur les titres, soit provisoires, soit définitifs qui seront délivrés aux adhérens.

ART. 14. — Les intérêts des sommes versées par les Associés, ne courront que dix jours après le versement effectué, ils seront payables de six en six mois, les 1ᵉʳ août et 1ᵉʳ février de chaque année, chez M. Collasson, banquier.

ou chez un banquier de Bruxelles, que l'on se réserve de désigner, sur la représentation des titres des parts d'intérêts, et sur la quittance du porteur; le paiement de ces intérêts sera, en outre, constaté par l'apposition d'une estampille au dos du titre.

ART. 15. — Le paiement des dividendes sera aussi constaté par l'apposition d'une estampille au dos du titre, et quittance en sera de même donnée en outre par le porteur.

ART. 17. — Les charges de la Société comprennent notamment :

1º Les frais d'actes de Société et d'adhésion ;

2º Le loyer des lieux où le siège de la Société est fixé ;

3º Le paiement des intérêts ;

4º Le traitement annuel alloué, comme on le verra ci-après article 21, à l'administrateur gérant ;

5º Les frais d'appointements des commis et tous les frais faits dans l'intérêt de la Société ;

ART. 18. — Chaque année il sera dressé dans le courant du mois de janvier un inventaire général estimatif du passif de la Société, lequel sera transcrit sur un registre particulier tenu à cet effet, et signé de tous les membres du conseil d'administration et de surveillance, et par l'administrateur gérant.

ART. 19. — Sur les bénéfices nets constatés par ledit inventaire, prélèvement fait des intérêts, des parts d'intérêts, généralement de toutes charges de la Société, il sera retenu, 1º deux dixièmes desdits bénéfices, comme fonds de réserve au profit de la Société; 2º Un autre dixième des mêmes bénéfices qui sera reparti également à titre d'honoraires entre les sept membres du conseil d'administration.

Tout le surplus de ces bénéfices sera réparti comme dividende entre les différentes parts d'intérêts et le paiement en sera fait à Paris et à Bruxelles, dans le mois de février de chaque année.

La réserve sera affectée aux dépenses imprévues, au développement des opérations de la Société, et s'il y a lieu, à l'entière libération des propriétés ci-dessus désignées et apportées en Société.

Une moitié de cette réserve restera à la disposition de l'administrateur gérant pour être employée par lui, sauf à en rendre compte.

La seconde moitié ne pourra être employée qu'en vertu d'une autorisation du conseil d'administration et de surveillance.

ART. 20. — L'administration et la gestion des affaires de la Société est confiée à M. de Châlons, qui l'accepte et s'oblige à y donner tous ses soins, il aura le titre d'administrateur-gérant, etc.

Art. 23. — Dans les parts d'intérêts appartenant à M. de Châlons, il consent que deux cents restent affectées à la garantie de la gestion de manière à former un cautionnement de cent mille francs ; ces deux cents parts d'intérêts, tant que durera la gestion de M. de Châlons, seront inaliénables et demeureront attachées au registre à souche déposé chez le banquier de la Société, qui ne pourra s'en déssaisir qu'en vertu d'une décision expresse de l'assemblée générale des intérressés.

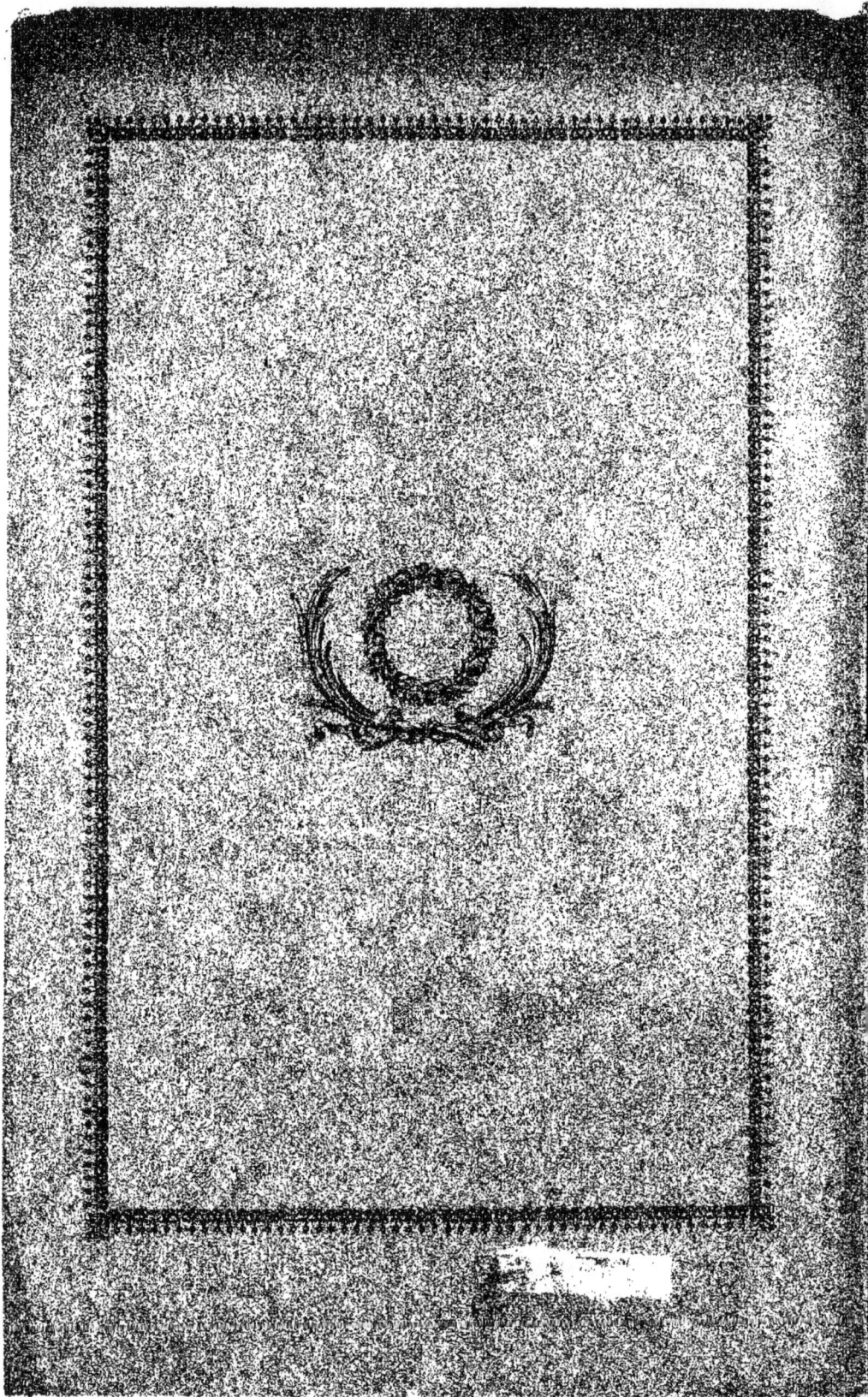

www.ingramcontent.com/pod-product-compliance
Lightning Source LLC
Chambersburg PA
CBHW070221200326
41520CB00018B/5731